U0105792

湖畔有個女兒國｜瀘沽湖

檀傳寶◎主編　陳苗苗◎編著

中華教育

你聽說過《西遊記》裏的「女兒國」嗎？你知道瀘沽湖畔就有一個真實的「女兒國」嗎？全世界的探險家和觀光客都對它心馳神往，你也來一探究竟吧！

祖母火塘夜話

跟着洛克去探險

一起來跳神祕的甲搓舞

「女兒國」在哪兒？

目錄

東方有個女兒國

西遊記「女兒國」現實版

世上真有女兒國嗎？

　　一位美麗痴情的女王、一條人們喝了其中的水就能生孩子的子母河，《西遊記》中描寫的「女兒國」曾經留給人無數的幻想。

　　「女兒國」究竟是吳承恩憑天馬行空的想像力虛構出來的理想樂園，還是歷史上真的存在呢？

　　事實上，在中國，還真的有這麼一個地方：這裏有一部分地方由女性當家，女性成員組成母系大家庭，實行「男不婚、女不嫁、結合自願、離散自由」的母

系氏族婚姻制度，是名副其實的現實版「女兒國」。但因為這裏地處偏僻，長期以來鮮為人知。

在這個極富遐想的東方「女兒國」中，世代居住着頗具傳奇色彩的摩梭人。秀麗的湖光山色孕育着絢麗的文化，奇異的天光雲影映照着一方女性的風景。摩梭姑娘別有自然風韻，她們灑脫俊秀，紅紗巾半遮着樸實的羞澀；她們勤勞、善良、淳樸、自然，遵循內心的聲音，無憂無慮地勞動、生活、戀愛。

話說到這兒，你知道現實版「女兒國」在哪裏嗎？

就在瀘沽湖畔！

一個神祕、美麗、古樸、浪漫，猶如人間仙境的地方，一個讓無數探險家和觀光客魂牽夢縈的地方。

▼這一神祕的高原湖泊，風光旖旎，渾然天成，目光所及皆美如圖畫

瀘沽湖位於四川省涼山彝族自治州鹽源縣與雲南省麗江市寧蒗彝族自治縣之間。

翻開地圖,在中國大西南橫斷山脈中尋找一個湖泊,也許十分困難。

但,如果你實地旅遊,經著名的古城——麗江,一路向北,穿過峯巒疊嶂的綿綿山區,一個明鏡般的湖泊就會展現在你的面前,這就是瀘沽湖!

越過絢麗多彩的野山花,穿過幽邃奇險的峽谷,仙境般的瀘沽湖在前方等着你。

▼一幢幢散落於湖邊的木屋，精巧而別緻

▲落落大方的摩梭少女，富有特色的獨木輕舟，此起彼伏的情歌，堪稱「湖上三絕」！

▲每到冬季，天鵝、黑頸鶴等珍稀候鳥棲息於此，野趣十足

▲山水靈動，微風輕柔，湖光如夢如幻

以女為尊的湖

　　世世代代生活在瀘沽湖畔的摩梭人，以女為尊，因此瀘沽湖的一草一木也都被賦予女性形象的神話。

　　在瀘沽湖的西北面，雄偉壯麗的格姆山巍然矗立，這就是摩梭人崇拜的女神山。

　　乘豬槽船進入湖中，微風傳來摩梭語的歌聲，那是唱給格姆女神的頌歌：

▲ 格姆山寵愛地守護着這一方兒女

格姆呵，你戴的帕子是啥子？

呵，我戴的帕子是天上的彩雲。

格姆呵，你頭上的長髮是啥子？

呵，我頭髮是青楓樹上的長青藤。

格姆呵，你穿的衣裳是啥子？

呵，我穿的衣裳是綠色的松葉。

格姆呵，你穿的裙子是啥子？

呵，我穿的裙子是白色的寶石。

格姆呵，你紮的帶子是啥子？

呵，我紮的帶子是懸崖上的花枝……

　　關於格姆山的成因，當地民間流傳着一個動人的神話。

　　傳說，瀘沽湖一帶原來並沒有山，格姆女神經常飛來湖裏洗澡，雄雞報曉時再飛回北方。某夜，格姆女神姍姍來遲，錯過了時間，結果飛不回去了，乾脆就永遠留在瀘沽湖畔，變成了格姆女神山。熟悉她的人，還指得出「格姆女神」的眼耳口鼻，認為山頂上茂密的森林是她的黑髮，山腰上的白雲是她頭上的輕紗，瀘沽湖是她的銀面盆，五彩的湖畔村落是她的羅裙，有了這些描述，人們越看格姆山越覺得生動形象。

　　當然，駐守在瀘沽湖的格姆女神很善良，她經常騎着白馬外出巡遊，不僅保佑這一方人畜興旺、風調雨順、五穀豐收，還特別賜予當地的姑娘貌美善良、婚姻幸福、子孫繁衍。

這一系列美麗的傳說，使格姆山成為當地摩梭人頂禮膜拜的神山。每年的農曆七月二十五日，這裏都要舉行一次盛大的朝山活動，叫作「轉女山」。這一天也是當地最隆重的節日，當地人最快樂的日子。據說，這個習俗迄今已有 1000 多年，其歷史可以追溯到唐代。

除了轉山，每月的農曆初一、初五、十五、二十五，瀘沽湖的兒女們還成羣結隊徒步環湖，認為這樣能帶來健康、吉祥。環湖一周，需要一些耐心和體力，但從朝陽升起到夕陽西下，看過瀘沽湖不同角度、不同時辰的美之後，說不定會認為苦也值得。

▲人們說，瀘沽湖是我的臉龐，五彩村落是我的羅裙，山頂森林是我的黑髮。我要保佑這裏的人們，勤勞健康，子孫滿堂

猜一猜，「格姆山戴帽，農夫睡覺」是甚麼意思？

瀘沽湖人能從格姆山的陰晴雲霧判斷天氣，並認為這是女神格姆發出的信號。當地諺語說：「格姆山戴帽，農夫睡覺。」意思是就要下大雨啦！

一起跳跳甲搓舞

　　摩梭人天生能歌善舞，當你走在山間，蕩舟湖上，隨耳都能聽到飄來的摩梭民歌。那遠遠近近、悠悠揚揚的「阿哈巴拉」，那如巨龍滾動的甲搓舞，把人誘惑，讓人動容。

　　傳說摩梭人會跳 72 種舞蹈，現在最為流行的就是甲搓舞，意思是「為美好的時辰而舞」。

　　甲搓舞的起源說來話長：傳說，瀘沽湖的先民常受外敵侵襲，因此部落首領便發動本族人，在村口燃起一堆熊熊烈火，大家圍着火堆跺腳吶喊，造出聲勢，終於打退來敵，獲得了勝利。打退敵人後，大家欣喜若狂，又圍着火堆唱歌跳舞以示慶祝。後來，這種習俗便沿襲下來，發展成為人們慶祝豐收、慶賀節日、祈願的舞蹈。

猜一猜，跺腳吶喊為甚麼能嚇跑敵人？

　　甲搓舞是一種集體性的民間舞蹈，它特別強調參與意識。在舞場上，沒有主角與配角之別，男女老少全都加入隊伍，跳舞的人越多，場面就越為壯觀。大家一起面向火堆，手臂交叉，向着逆時針方向，翩翩起舞，並不時緊湊有力地發出「阿喏、喏！」或「炯巴拉，炯巴拉！炯嘿嘿！」的呼喊聲，呼喚聲越宏大，氣氛越奔放。

甲搓舞不限人數。大家排成單行，圍成半圓或圓，相互間手拉手，後面一人的手置於前面一人的左肘下，排頭的人右手叉腰，最後一人左手叉腰。跳舞時身挺直、抬頭，表現出自然、優美、樂觀的姿態。

　　甲搓舞也很適合學生在早操時跳，不僅有助於放鬆大腦皮質，還對糾正駝背、形成良好的體態有一定的效果。

瀘沽湖探祕一‧女兒的國度

瀘沽湖是由斷層陷落而形成的高原淡水湖。摩梭語「瀘」為山溝,「沽」為裏,意為山溝裏的湖。

由於地處偏僻,自然環境破壞程度較輕,湖水異常潔淨,水質微甜,是我國目前少有的污染程度較低的高原深水湖之一。

朝拜女神山,以女為尊,在蒙着神祕色彩的女兒國裏,男孩的地位如何?

過去,瀘沽湖的男孩發揮男子漢氣質的重要領域是去趕馬幫。瀘沽湖的姑娘當然最愛勇敢的小伙子了!

▲ 在輕快的舞蹈中，瀘沽湖的女孩們落落大方，
雪白的長裙輕盈地旋轉，飾物在火光映照之下
閃閃發光，長長的辮子優美地飄蕩

他們在唱甚麼？ 迎賓歌！

瀘沽湖的姑娘愛唱歌、會唱歌。這裏的歌謠保持着古老的特色，散發着瀘沽湖的濃厚

氣息。歌詞多是即興創作，情意綿綿地唱出來，讓人體會到動人的情感。

女兒國的祕密

豬槽船救子的故事

當你來到瀘沽湖，便會發現這來自遠古的小舟，如荷葉般漂蕩在湖面上。這種小舟叫「豬槽船」。

說起豬槽船的來歷，與瀘沽湖的傳說有關，源於一個動人的母親救子的故事。

相傳很久以前，瀘沽湖只是一個低窪的盆地，有個放牧的啞巴孤兒每天在這裏放牧，他總是把牛羊養得肥肥壯壯的。有一天，他在山上一棵樹下睡着了，夢見一條大魚對他說：「善良的孩子，你真可憐，從今往後，別帶午飯了，就割我身上的肉吃吧！」

小孩醒來後，就到山上找啊找，終於在一個山洞裏發現了那條大魚，他抽出刀割下一塊肉燒着吃，魚肉香噴噴的。

▼我是瀘沽湖的交通工具，我叫豬槽船

第二天，魚身上被割掉的地方又復原了。從此，小孩不再帶食物，每天割的魚肉剛好夠他一天的飯。

時間一長，這事被村裏一個貪心的人知道了，他想把大魚拖回自己家。他找人用繩子設法套住魚，拼命往外拉，魚被拖了出來，但災難也隨之發生了：大水從洞口洶湧而出，頃刻間就淹沒了所有的村寨，整個盆地化成一片汪洋，形成了今天的瀘沽湖。

這時，有一個正在餵豬的母親，她急中生智，把一對兒女放進豬槽，使他們得以倖存。後代為了紀念這位勇敢而智慧的母親，便把瀘沽湖稱為母親湖，並將大樹砍下來挖空，做成豬槽模樣的小船，就成了「豬槽船」。豬槽船一直沿用至今。

小心！祖母屋禁忌多

一家之主容易嗎？需承擔哪些責任？

瀘沽湖畔的摩梭人一般都居住在四合院式的房屋裏，誰的房間是主臥呢？是祖母。

祖母在家庭中得到最高的尊重。第一，她安排全家十多甚至二三十口人的生產、生活，作為家長，極其不容易；第二，她身上掛有所有房間的鑰匙，但她從不為自己謀私利，她心中裝着全家老少。

摩梭人的家庭是以能幹、賢達的祖母為核心的。他們環湖而居，一生都享受着老祖母的慈愛、護犢之情。

祖母終年坐守在火塘。屋裏的火塘也被稱為「母屋火塘」或「祖母火塘」。祖母火塘是整個家庭飲食、待客、議事、祭祀、敬神的核心部分。摩梭民謠這樣唱道：「太陽歇歇呢歇得嘞，月亮歇歇呢歇得嘞，女人歇歇呢歇不得，女人歇下來嘛火塘的火就要熄滅。」

那一簀火塘，無論晨昏，也無論聚散，鑴刻的都是家族的祥和與温暖。

摩梭人出生在祖母火塘邊，在祖母火塘邊成長、老去。祖母火塘承載着他們童年的快樂，也是老人們安享晚年的地方。

在摩梭人的傳統觀念中，對祖母不恭，對年長者不恭，分家或者爭財產都是非常恥辱的事情，會受到鄰里的訓斥。

 祖母屋有甚麼禁忌呢？

在祖母屋裏，有很多禁忌和禮儀，如果你去拜訪祖母屋，千萬要記得！

① 不能大搖大擺地進祖母屋。

② 不能向祖母火塘吐口水。

③ 絕不能說與性有關的話語。

瀘沽湖的老祖母們把家治理得井井有條、公平合理，贏得了家庭成員的尊重。

瀘沽湖的成人禮

瀘沽湖像一顆晶瑩的寶石，閃耀在滇西北高原的萬山叢中，這裏不僅有美妙絕倫的湖光山色，更有着獨特的民族風情，使本就翡翠般的地方因此塗上了一層古老而神祕的色彩。

大年初一早晨，當太陽的第一縷光灑在格姆女神山上的時候，年滿十三歲的女孩和男孩，都要舉行隆重的「成人禮」。

舉行儀式時，女孩頭戴祖傳頭飾，穿上白色的百褶裙，站在火塘右側；男孩換上皮靴，腰束紅綢帶，站在火塘左側。他們要踏在豬膘和裝有糧食的米袋上，向老人和在座的人磕頭。受拜的人要用最美好的語言祝賀少年男女。

到了晚上，全村男女老少會齊聚某地，點起篝火，跳起舞蹈，熱熱鬧鬧地為成人的孩子們慶祝他們一生中最重要的一天。這一日，大家會為他們歡呼到很晚，跳躍的火苗映着一張張歡快的笑臉，他們是由衷地為成人的孩子高興，真誠地傳達對他們美好的祝願和期盼……

瀘沽湖成人禮的由來 🖊

　　相傳，遠古時，人和動物都長生不老。時間一長，壩子裏住不下了。這時阿色篤（傳說中主宰萬物的神）決定規定生命的年限。他告訴人們和動物，聽他呼喊，誰應甚麼呼喊，誰就得甚麼歲數。一天夜裏，阿色篤喊 1000 歲時，只有大雁聽到；喊 100 歲時，水鴨聽到了；喊 60 歲時，狗叫了；喊到 13 歲時，人們才從睡夢中醒來。人們感歎壽命太短暫了，就去找阿色篤求情，阿色篤答應去和狗商量一下能否對調壽命。狗勉強同意，但要人們供給牠生活。為了永遠記着這個人生的轉折點，瀘沽湖的摩梭人便把 13 歲作為人新生命的開始。因為摩梭人不過生日也沒有婚禮，所以成人禮就成了他們一生中最重要的儀式。

純真的愛

小阿妹，隔山隔水來相會，素不相識初見面；小阿哥，有緣千里來相會，河水湖水都是水。

瀘沽湖養育的一部分摩梭兒女至今仍然保留着母系氏族婚姻制度——走婚制。男女不組成家庭，不終生廝守，各住各家。這種婚姻關係更多以彼此的美德和感情為第一要素，較少受金錢、地位等物質條件的羈絆。

在瀘沽湖上，有座大名鼎鼎的走婚橋，橋下長年泥沙淤積，導致水深變淺，長有茂密的蘆葦，遠遠望去，像一片草的海洋，故當地人稱其為「草海」。

走婚橋具體建造時間已不可考，但關於它的修建，流傳着一個美麗傳說：古時候，一對相愛的男女分別住在湖兩岸，一到晚上，男孩就划着豬槽船到對岸與自己心愛的姑娘約會。不論颱風下雨、嚴寒酷暑，從未間斷。看着愛人每天辛苦地往返，姑娘十分心疼，萌生了在湖上搭建一座橋的想法。兩人商定後，便開始在草海上修木橋，後人稱之為「走婚橋」，也被譽為「天下第一鵲橋」。

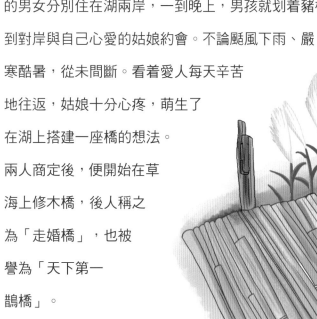

瀘沽湖養育的摩梭女兒，心靈手巧、勤勞善良、情深似海。她們在自己的花房裏編織少女的夢，遵循自己心靈的指引在這塊神奇的土地上無憂無慮地勞動、生活、戀愛，在母親湖的山光水色中最大限度地展示自己純樸的本色。

▲摩梭女子心靈手巧，你行走在湖畔時常可以看到她們紡紗織物的美麗身影

近年來，受外部文化的影響，瀘沽湖很多青年男女慢慢放棄了充滿浪漫氣息的「走婚制」，組建一夫一妻制的家庭。儘管走婚制正逐漸消失，但走婚橋上的故事將長久地留存在人們心底，盛滿湖畔兒女的歡樂和真情。

阿哥啊，月亮才下西頭，你何須快快地走。火塘是這樣的溫暖，瑪達米，我是這樣的溫柔。人世茫茫兩相愛，相愛就要到永遠。你離開阿妹走他鄉，只有月光愁。

▲ 在瀘沽湖的每個村寨，隨處可見清秀貌美、落落大方的摩梭姑娘

21

瀘沽湖探祕二‧母親讓我成人

摩梭人不過生日，你知道這是為甚麼嗎？

因為生日是母親的受苦日。

摩梭人世代流傳的歌謠這樣寫道：

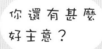

> 當我還在襁褓中，睜眼認識世界時，
>
> 首先是母親的容貌；
>
> 當我還在襁褓中，昏昏欲睡時，
>
> 首先聽到的是母親的催眠曲；
>
> 當我不在襁褓中，飢渴啼哭時，
>
> 首先塞入嘴裏的是母親的乳頭；
>
> 尊敬的母親之神啊，
>
> 世間萬物離不開母親的養育。
>
> 尊敬的母親之神啊，您的神靈注視着我生命的行程。

□□□□□□
生日時，記得為媽媽做一件讓她感到幸福、快樂的事情。

你能想到其他愛媽媽的歌曲嗎？給大家推薦一首吧！

今天是我的生日，我要做一件讓媽媽感到幸福、快樂的事情。

你還有甚麼好主意？

甚麼是成人禮？成人禮是承認年輕人具有進入社會的能力和資格而舉行的儀式。

你了解世界各國的成人禮嗎？

▼韓國：成人禮保留了傳統的「取字」環節，大學教授向
學生賜字，並用典籍上的話解釋該字的由來

▲巴西：15歲的女孩們準備參加人生的首次社交舞
會，這是拉丁美洲傳統的成人禮活動之一

▼中國南京：某校在夫子廟舉辦18歲成
人儀式

▲日本：即將年滿20歲的學生們，通
過射箭等古代禮儀宣告自己踏進成
年人的行列

即將長大成人，除了接受祝福，還需承擔起哪
些責任和義務？

有人說：小時候盼望自己快點長大，長大後又盼
望回到童年。翻翻你的相冊，你能理解這種心情嗎？

旅程三

闖入女兒國的不速之客

探險家眼中的理想國

▲洛克當年考察瀘沽湖的留影

> 瀘沽湖本來是世外桃源，其美名怎麼會傳遍世界呢？

這就要說到一本美國知名雜誌《國家地理》和一位傳奇人物洛克。

1922 年，洛克以美國《國家地理》雜誌、美國農業部、美國哈佛大學植物研究所的探險家、撰稿人、攝影師的身份，踏上中國的土地。他從大理，經麗江，來到了雲南永寧，看到瀘沽湖第一眼，就情不自禁地說：「無法想像還有比這更美的水景。」洛克在日記裏以詩一般的語言描繪對這片神奇土地

> 無法想像還有比這更美的水景。

的愛，「籠罩這裏的，是安靜和平的奇妙，這是造物主創造的最後一塊地方，平和、靜穆，是一個適合神仙居住的地方。」

1922年至1935年間，美國《國家地理》雜誌先後發表洛克的9篇考察報告，洛克以充滿激情的文筆配上實地拍攝的珍貴圖片，生動地展示出瀘沽湖的自然地理和人文風情。從此，全世界知道了有這樣一個「適合神仙居住的地方」，並為之傾倒、心馳神往。

洛克從此在瀘沽湖一住就是十多年。他寄情於山水間，足跡踏遍每一個角落，和當地的土司

▲ 瀘沽湖彷彿一位風姿綽約、不施粉黛的佳人，素面朝天就已傾國傾城

阿雲山總管結下了生死不渝的友情。若干年後，功成名就的洛克再次回到瀘沽湖，他希望再和這位故交促膝談心，然而美景依舊，故人不再。洛克傷心不已，在他和阿雲山總管親植的一棵尤加利樹幹上，用英文刻下了一首詩，大意是：瀘沽湖依然美麗，格姆山依然聳立，但湖山的主人已經遠逝。我不過是個過客，既然朋友都撒手人間，還有甚麼必要留在這裏？我也將歸去！

洛克對瀘沽湖情感甚深，他終身未娶，把瀘沽文化看作是精神伴侶。他曾用地道的摩梭語，在夜幕降臨時對着摩梭木樓唱情歌：

好阿哥喲好阿妹，人心更比金子貴。

只要情意深似海，黃鴨也會成雙對。

纏綿病榻的洛克在彌留之際，還寫信給自己一位摯友說：「與其死在夏威夷的病牀上，我更願意回到瀘沽湖的鮮花叢中！」

　　洛克在美國《國家地理》雜誌上發表的長篇紀實散文，把瀘沽湖世外桃源的氣息分享給了歐美讀者。這些作品引起與他同時代的英國著名作家詹姆斯・希爾頓的注意，希爾頓後來創作出經典文學《消失的地平線》，進一步引發了全世界的香格里拉情結。東方這片與世隔絕、與世無爭、寧靜祥和的人間淨土、世外桃源，以瀘沽湖為核心的大香格里拉，吸引了全世界無數好奇的目光！

女兒國的煩惱

內向、靦覥的人一下子暴露在人羣中，會有甚麼反應？

有些不適應。

20 世紀 90 年代起，瀘沽湖被國家列為對外開放的旅遊區，一下子暴露在大量遊客前，摩梭人開始有點不適應。

哪些不適應？

比如說，他們不理解甚麼是做生意：

遊客問可否買兩個蘋果，摩梭人回應說，沒有蘋果賣，然後從果樹上摘一大袋蘋果送給遊客。遊客說半天未吃飯，主人家馬上殺雞、打酥油茶、端豬膘肉，且拒絕收錢。

再比如說，遊客情侶公然牽手、穿迷你裙、在祖母火塘面前亂說話的行為，也會讓瀘沽湖的本地人感到不舒服。

甚至，一些抱着獵奇心理來的遊客由於誤讀了摩梭文化，他們甚至會在祖母屋當着老人的面直截了當地詢問：「你有爸爸嗎？」

其實，與其說瀘沽湖是「女兒國」，不如說「母親國」更加合適。可有些人卻將「走婚」渲染成瀘沽湖的唯一文化符號，與現代社會一些浮躁戀情畫上等號。這種不禮貌的行為讓當地人不堪其擾。在村民的抗議下，酒吧、舞廳等行業被遷移到村外。

來到瀘沽人家，坐在祖母屋中，喝上一口熱茶，聊會兒天，這才真正能夠了解到當地人的生活和文化。

在瀘沽湖這塊淳樸的土地上，人們的飲食文化也濃濃地染上了自然、古樸的特點。

豬膘肉是瀘沽湖的特色佳餚，吃起來肥而不膩。它是整豬醃製而成的，製作方法神祕而玄妙，存放幾年都不會變質。

還有甚麼好吃的？

蘇里瑪酒、紅米飯、鮮魚湯……通過舌尖上的味道，人們可以深切感受到瀘沽兒女的熱情與純真。

會不會很膩？嚐嚐就知道啦！

一枚珍貴的活化石

進入全球化的旅遊市場，瀘沽湖一方面想保留獨特、珍貴的傳統文化，一方面也想向多姿多彩的現代文明靠攏。

過去，瀘沽湖羣山環繞，交通閉塞，經濟發展滯後。旅遊業迅猛發展後，帶動了瀘沽湖其他產業的發展，開旅館、開餐廳、租借豬槽船，越來越多的村民們享受到了旅遊產業帶來的好處與實惠，日子也過得一天比一天好了。

瀘沽湖，在橫斷山脈的「皺紋」裏，過去，與外界的交往只能靠一條趕馬路，現在的瀘沽湖已鋪上水泥路，交通非常方便。

還是結構嚴謹的祖母屋，還是數十年的老果樹，但瀘沽湖裏有了現代化的設備。這不免讓那些抱着觀看「原始狀態」而來的遊客失望……

▲瀘沽湖民房是極具特色的「木楞子房」，但現今裏面已有各種現代化設備

瀘沽湖人家的生活跟過去相比有沒有變化？
如果原本是一片淨土的瀘沽湖染上了人間煙火，你會失望嗎？

現代文明逐漸改變了瀘沽湖原本相對封閉的生活環境，給生態保護以及民族文化傳承帶來極大挑戰。要想實現可持續發展，必須處理好文化、生態和經濟發展的關係。

◀瀘沽湖的商業街。你贊同瀘沽湖商業化嗎？

從 1994 年瀘沽湖省級旅遊區成立至今，湖面上沒有一艘機動旅遊船隻營運，全都是人力划航的豬槽船。這樣既有效地保證了瀘沽湖水體不被污染，又充分地展示了當地的民俗文化。

瀘沽湖自然風光優美，人文風情尤其引人入勝，傳承了古樸的社會遺風，具有獨特的「女兒國」文化，被歷史學者稱作「母系氏族社會最後一塊活化石」。

想坐快艇？

沒有！

豬槽船載着你，投入瀘沽湖秀逸、溫柔的懷抱，人坐其上，如浮蓮葉。

但是，在現代社會的衝擊下，這「最後一塊活化石」必然無法封閉在與世隔絕的真空裏，未來，它將如何掌握自己的命運呢？

誰說現代文明不能和傳統文化和平共處？對兩者的互動，你也別忘記貢獻點好建議啊！

▲ 網站宣傳，事半功倍　　　　▲ 誰說現代文明不能和傳統文化和平共處

世界人類學與民族學聯合會議
The International Union of Anthropological and Ethnological Sciences

面對挑戰，當地政府和百姓積極尋找出路。比如，資助村民們建設自己的網站，發掘、宣傳瀘沽湖的人文價值，特別是培養年輕一代的文化自豪感。

一些年輕村民還拿起現代文明標誌物——攝影機，拍攝瀘沽湖民俗紀錄片。意想不到的是，他們的紀錄片《離開故土的依咪（祖母屋）》，在 2009 年中國第一次主辦的世界人類學與民族學聯合會議上，成為入圍影片。

瀘沽湖一些村落雖然已被開發，但由於地處深山，仍有與世隔絕之美。即使你與它僅有一面之緣，心底也會留下清晰的印記。

世界很大，我想去看看

明代時，有位中國探險家、地理學家也提到過瀘沽湖，你知道他是誰嗎？

他就是徐霞客！

徐霞客從小喜愛讀歷史、地理、遊記之類的書籍，立志要遍遊祖國名山大川。靠徒步跋涉，他先後探訪了多個省市，且多是窮鄉僻壤和人跡罕見的地方。他出生入死，嘗盡了旅途的艱辛，稱得上是一位千古奇人。徐霞客的腳步來到雲南麗江，遺憾的是並未踏上瀘沽湖，但他在《徐霞客遊記》中這樣記載瀘沽湖：「內貯四池，池水各占一色，皆澄澈異常，自生光彩。池上有三峯中峙。」

你了解探險家的生活嗎？他們的工作與我們的生活有甚麼關係？

我國有着豐富多彩的自然和人文景觀，因此，自近代以來，不斷有西方探險家踏上中國大地。他們在考察、記錄中華神奇文化的同時，也為後人留下了彌足珍貴的研究資料。

我想成為一個自然探險家，我應該做甚麼準備？

　　瀘沽湖村寨有一位女孩，考上了北京的大學，畢業後分配到深圳工作。但她一方面不習慣大都市競爭激烈的生活，一方面想幫助年邁的母親分擔家庭事務，於是她毅然辭掉工作，重新回到了瀘沽湖，耕作、捕魚、對歌、開客棧，過起了自由自在的生活。

　　走出女兒國，再回到女兒國。你理解她的選擇嗎？

　　如果你走進瀘沽湖的小學，就一定忘不了一個個淳樸的小朋友，還有他們善良真誠的臉。

▲瀘沽湖小學的孩子在傳遞北京奧運會火炬

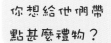

你想給他們帶點甚麼禮物？

我的家在中國・湖海之旅⑧

湖畔有個
女兒國｜瀘沽湖

檀傳寶◎主編　陳苗苗◎編著

責任編輯：梁潔瑩
裝幀設計：龐雅美
排　版：時　潔
印　務：劉漢舉

出版 / 中華教育

香港北角英皇道 499 號北角工業大廈 1 樓 B
電話：（852）2137 2338
傳真：（852）2713 8202
電子郵件：info@chunghwabook.com.hk
網址：https://www.chunghwabook.com.hk/

發行 / 香港聯合書刊物流有限公司

香港新界荃灣德士古道 220-248 號
荃灣工業中心 16 樓
電話：（852）2150 2100
傳真：（852）2407 3062
電子郵件：info@suplogistics.com.hk

印刷 / 美雅印刷製本有限公司

香港觀塘榮業街 6 號
海濱工業大廈 4 樓 A 室

版次 / 2021 年 3 月第 1 版第 1 次印刷
©2021 中華教育

規格 / 16 開（265 mm x 210 mm）

本書繁體中文版本由廣東教育出版社有限公司授權中華書局（香港）有限公司在香港特別行政區獨家出版、
發行。